Impressum:

Copyright © 2017 GRIN Verlag
Druck und Bindung: Books on Demand GmbH, Norderstedt Germany
ISBN: 9783668912946

Jasmin Stapelfeldt

Grundlage, Funktionsweise und Vor- und Nachteile des Fuzzy-Controllers

GRIN Verlag

GRIN - Your knowledge has value

Der GRIN Verlag publiziert seit 1998 wissenschaftliche Arbeiten von Studenten, Hochschullehrern und anderen Akademikern als eBook und gedrucktes Buch. Die Verlagswebsite www.grin.com ist die ideale Plattform zur Veröffentlichung von Hausarbeiten, Abschlussarbeiten, wissenschaftlichen Aufsätzen, Dissertationen und Fachbüchern.

Besuchen Sie uns im Internet:

http://www.grin.com/

http://www.facebook.com/grincom

http://www.twitter.com/grin_com

FUZZY-CONTROLLER

Grundlagen, Funktionsweise, Vor- und Nachteile

Modul: Systemdesign – SYD81

Datum der Einreichung: 08.12.2017

Datum der Abgabe: 02.02.2018

Jasmin Stapelfeldt

Master Wirtschaftsingenieur

1. Einleitung

Eine Aussage ist wahr oder falsch. Diese binäre Logik, diese Präzision der Mathematik wird seit der Antike mit Aristoteles als Urvater gelebt. Jedoch erkannten bereits damals Philosophen wie Platon, dass es zwischen wahr und unwahr einen weiteren Bereich geben muss.[1] Wie sich Jahre später zeigte, sollte Platon mit dieser Aussage Recht behalten. Denn viele Sachverhalte lassen sich nicht eindeutig beschreiben. Die Sprache bietet die Möglichkeit Begriffe, sogenannte linguistische Ausdrücke, wie „wenig", „viel", „warm", „kalt" und viele mehr zur Beschreibung einer Größe zu nutzen. Unscharfe (englisch: fuzzy) Formulierungen sind, obwohl sie oberflächlich betrachtet leicht verständlich wirken, aus technischer Sicht schwer in scharfe Stellgrößen abzubilden. Folglich stoßen technische Systeme an ihre Grenzen. Die Lösung dieser Problematik ist Aufgabe der Fuzzy-Logik. Mit ihr einhergehend wurde die unscharfe Mengenlehre, die Fuzzy-Set-Theorie, 1965 von Lotfi A. Zadeh begründet. Linguistische Ausdrücke in der Technik anwenden und beispielsweise in der Steuerungs- und Regelungstechnik einsetzen zu können, wurde zum Ziel der Technik.[2] Stellt man sich ein Regelsystem vor, welches die Badetemperatur so einstellen soll, dass das Wasser angenehm warm ist, stellt sich die Frage wie dies mithilfe der Fuzzy-Logik umgesetzt werden kann. Die Antwort auf diese Frage bietet das Fuzzy-Controller-System, welches auf linguistischen Ausdrücken und einer Regelbasis basiert. Es setzet sich, aufgrund seiner relativen Einfachheit in Verbindung mit einer hohen Flexibilität des Einsatzgebietes, schnell durch und soll im Rahmen dieser Arbeit vorgestellt werden. Ziel ist es zunächst die Grundlagen von Fuzzy-Controllern zu beschreiben und Fuzzy-Controller anhand eines praktischen Beispiels näher zu betrachten. Zudem gilt es die Vor- und Nachteile von Fuzzy-Controller-Systemen gegenüber klassischen Regelungen darzustellen. Hierfür werden im folgenden Kapitel die Grundlagen des Fuzzy-Controllers, die Fuzzifizierung, das Inferenzverfahren sowie die Defuzzifizierung erklärt. Das dritte Kapitel beschreibt die Funktionsweise des Fuzzy-Controllers anhand des praktischen Beispiels und veranschaulicht die zuvor erklärten Begriffe. Im vierten Kapitel werden die Vor- und Nachteile von Fuzzy-Controllern gegenüber regelbasierten Systemen ohne Fuzzy-Logik

---

[1] Altenkrüger, D./ Büttner, W., 1992, S.30
[2] Thomas, O., 2009, S.168

näher beleuchtet. Abschluss des Assignments bietet die Zusammenfassung und eine kritische Reflexion.

2. Grundlagen

2.1 Die Begriffe Fuzzy, Fuzzy-Logik und Fuzzy-Mengen

Fuzzy bedeutet unter Anderem unscharf, verschwommen, ausgefranst, vage oder fusselig. In der Praxis bezieht sich dies auf Begriffe wie beispielsweise „ein bisschen", „zu heiß", „etwas zu kalt" oder „langsam". Da menschliche Bewertungsmaßstäbe, Denkmuster und Verfahren zur Entscheidungsfindung meist auf der Grundlage solch unscharfer Begriffe basieren, entstand die Fuzzy-Methode. Denn die Technik verlangt konkrete Angaben, die scharf und eindeutig formuliert sind. Die Fuzzy-Methode oder auch Fuzzy-Logik formt das Werkzeug, das hier angewendet werden kann. Somit befasst sich die Fuzzy-Logik damit, Regeln aufzustellen, die die semantische Interpretation von unscharfen Aussagen ermöglicht. Diskrete Wahrheitswerte werden durch einen stetigen Bereich ersetzt. Folglich stellt sie einen Paradigmenwechsel von Schwarzweiß zum Grau der Zweitwertigkeit in die Vielwertigkeit dar.[3] Die Fuzzy-Menge oder auch Fuzzy-Set ist die Zusammenfassung von Elementen, die zu einem gewissen Grad einer bestimmten Menge angehören. Ein Fuzzy-Set ist dabei definiert aus Element und Zugehörigkeitsgrad des Elements zur Menge.[4] Auch Fuzzy-Mengen werden in diskrete und kontinuierliche Mengen unterschieden. Die mathematische Repräsentation unscharf formulierter Wertigkeiten einer Größe wird durch linguistische Variablen, also sprachlich formulierten Werten, umgesetzt.[5]

2.2 Der Fuzzy-Controller

Controller ist auf Deutsch ein Regler. Ein Fuzzy-Controller-System im systemanalytischem Sinne liegt vor, wenn Abhängigkeiten zwischen Eingangs- und Stellgrößen nicht in Form eines mathematischen Modells vorliegen, sondern über unscharfe Mengen, wie Beobachtungen und Erfahrungen von Experten beschrieben werden, weshalb Fuzzy-Systeme auch als ein wissensbasiertes System verstanden werden. Die Experten können die Handlungsweise eines solchen komplexen Systems zwar beschreiben, nicht aber in „scharfe", mathematische Modelle bringen. Für scharfe physikalische Größen wird ein Regelalgorithmus verwendet, der diese Eingangsgrößen

---

[3] Jerems, S./ Fritz, A., 2006/2007, S.5ff
[4] Springer Gabler Verlag (Herausgeber), Gabler Wirtschaftslexikon, Stichwort: Fuzzy Set, online im Internet:
http://wirtschaftslexikon.gabler.de/Archiv/57150/fuzzy-set-v13.html
[5] Jerems, S./ Fritz, A., 2006/2007, S.5ff

in eine definierte Stellgröße umwandelt. Ein Fuzzy-Controller kann jedoch aus unterschiedlichen Eingangsdaten eine Ausgangsgröße, die die Regelstrecke steuert, generieren. Zwar arbeiten Fuzzy-Controller von außen betrachtet ebenfalls mit scharfen Eingangsgrößen und geben auch scharfe Ausgangsgrößen aus, jedoch bezieht sich die Unschärfe auf die Arbeitsweise innerhalb des Controllers.[6] Hierbei wird nicht nur eine binäre Logik, sondern eine vielwertige Logik betrachtet.[7] Zur Veranschaulichung wird auf das spätere Anwendungsbeispiel vorgegriffen. Dieses beschreibt eine Klimaanlage, die mithilfe einer Heizung und einem Ventilator die Raumtemperatur regelt. In einem binären Regelungssystem würde die Regelung lediglich mit den Parameter-Werten „volle Heizstufe" oder „volle Kaltstufe" funktionieren, da sich die klassische Mengenlehre der Mathematik durch Zweiwertigkeit auszeichnet. - Ein Element kann einer Menge zugehören oder eben nicht.[8] Die Möglichkeit die Klimaanlage vollständig „aus" oder „ein" zu schalten sind der Beginn der Definition von Zwischenschritten. Es existieren beliebig viele Zwischenzustände, welche sich in den gewünschten Werten der Temperaturregelung ausdrücken. Somit stellt die Fuzzy-Logik eine deutliche Erweiterung der klassischen Mengenlehre dar. Unterschiedliche Werte werden durch die Fuzzy-Logik gewichtet und abhängig von dieser Gewichtung entsprechend in Form von Zugehörigkeiten unscharfen Mengen zugeordnet. Kennzeichnend für die Fuzzy-Logik ist folglich die Möglichkeit, eine vielwertige Logik abzubilden. Dies bedeutet, dass beispielsweise die Raumtemperatur von 18°C weder kalt noch warm ist. Die klassische Mengenlehre ordnet diese Raumtemperatur keiner der beiden Mengen „kalt" oder „warm" zu – anders die Fuzzy-Logik. Eine Raumtemperatur von 18°C wäre wohl zu 0,5 der Menge kalt, als auch zu 0,5 der Menge warm zugehörig.[9] Diese Zuordnung von Größen zu linguistischen Termen durch sogenannte Zugehörigkeitsfunktionen sind die Grundidee der Fuzzy-Logik. Das Beispiel zeigt ebenfalls, dass sich Zugehörigkeiten überschneiden können und ein Wert damit mehreren unterschiedlichen Mengen zugeordnet sein kann.

Dieses Vorgehen ermöglicht, in Verbindung mit einem entsprechenden Fuzzy-Controller, eine Bewertung von technischen Größen anhand menschlicher

---

[6] Jerems, S./ Fritz, A., 2006/2007, S.11
[7] Zimmermann, H.-J., 1993, S.107
[8] Traeger, D. H., 1994, S.9
[9] Traeger, 1993, S.9

Erfahrungswerte. Hieraus lassen sich letztendlich genaue Regelgrößen als Ausgangswert bereitstellen. Im Folgenden wird der Aufbau und die Eigenschaften von Fuzzy-Controller im Detail betrachtet, um eine Antwort auf die Frage zu erhalten, wie aus linguistischen Werten, also sprachlichen Begriffen, und einer technischen Größe eine hinreichend genaue Regelgröße generiert werden kann.[10]

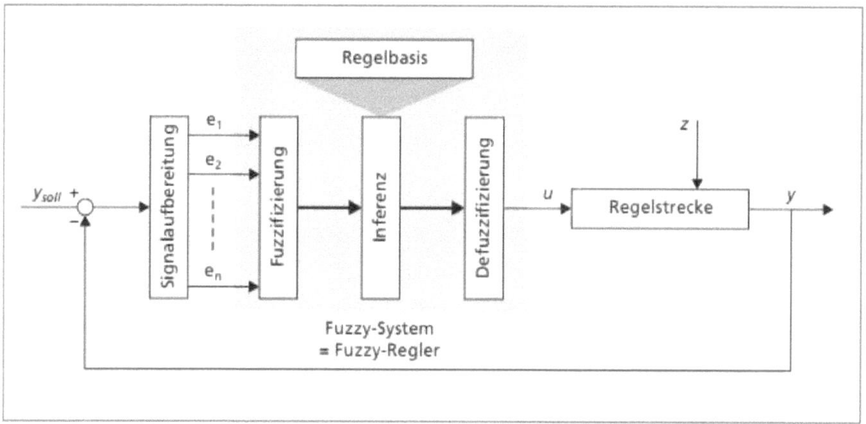

Abbildung 1 Fuzzy-Regelkreis[11]

Abbildung 1 stellt den Fuzzy-Regelkreis bildlich dar. Betrachtet man lediglich Eingangs- und Ausgangswert des Fuzzy-Controllers, so unterschiedet sich dieser nicht von sonstigen, klassischen stetigen oder auch unstetigen Reglern. So werden in einem Fuzzy-Controller auch scharfe Eingangswerte mit einer definierten Führungsgröße oder einem Soll-Wert abgeglichen.[12] In Abhängigkeit des Ergebnisses dieses Abgleichs erfolgt die Ausgabe eines scharfen Ausgangswertes, der den Stellgliedern als Stellwert dient. Obwohl der schlussendliche Effekt gleich ist, liegt der Unterschied in der internen Signalverarbeitung, da diese den Regeln der Fuzzy-Logik folgt.[13] Wie bereits beschrieben, zielt die Fuzzy-Logik darauf ab, fuzzy Aussagen zu interpretieren und daraus scharfe Stellgrößen bereitzustellen. Um diese Aufgabe zu erledigen, besteht der Fuzzy-Controller, wie in Abbildung 1 und 2 zu sehen, aus verschiedenen

---

[10] Jerems, S./ Fritz, A., 2006/2007, S.11
[11] Jerems, S./ Fritz, A., 2006/2007, S.6ff
[12] Jerems, S., 2006/2007, S.10
[13] Friedrich, A., 1997, S.284

Funktionseinheiten zur Durchführung der Fuzzifizierung, der Inferenz und der Defuzzifizierung.[14]

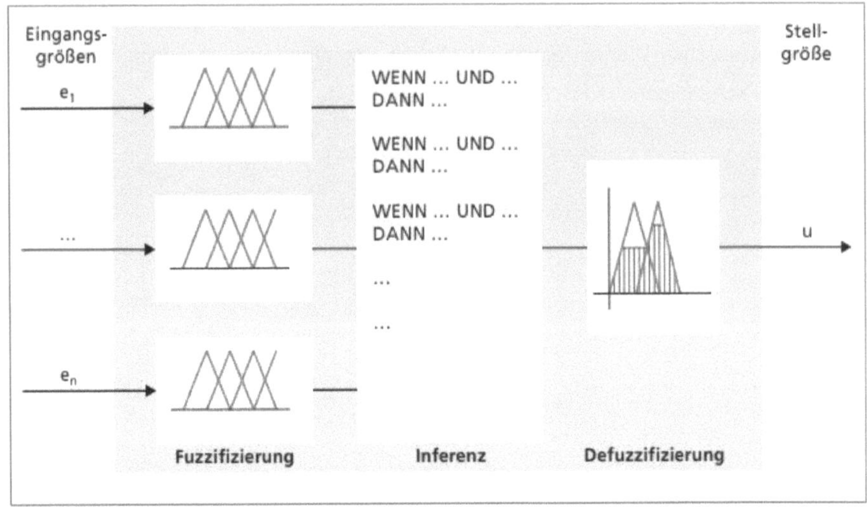

Abbildung 2 Funktionseinheiten eines Fuzzy-Controller-Systems

Diese Funktionseinheiten werden im Folgenden näher betrachtet und erläutert werden.

2.3 Die Fuzzifizierung

Die Fuzzifizierung stellt den ersten, internen Bearbeitungsschritt des Fuzzy-Controllers dar. Bei der Fuzzifizierung handelt es sich um die Zuordnung oder auch Überführung eines vorhandenen scharfen, also klar definierten Wertes (zum Beispiel in Form eines physikalischen Messwertes) zu einem vorab definierten Fuzzy-Wert.[15] Ein Fuzzy-Wert ist dabei die unscharfe Beschreibung des scharfen Werts. Die Zuordnung erfolgt dabei durch sogenannte Zugehörigkeitsfunktionen, welche den Grad der Zugehörigkeit des scharfen Wertes zu einer Fuzzy-Menge ausdrücken. Der Zugehörigkeitsgrad der Eingangsgröße zu jedem der linguistischen Terme wird dabei bei der Fuzzifizierung berechnet. Entsprechende Zugehörigkeitsfunktionen können, wie in Abbildung 3, beispielsweise trapezförmig oder dreieckig sein.[16]

---

[14] Reusch, B., 1994, S.9 und Zimmermann, H.-J., 1993, S.107
[15] Traeger, D. H., 1994, S.83
[16] Schröder, D., 2010, S.795f

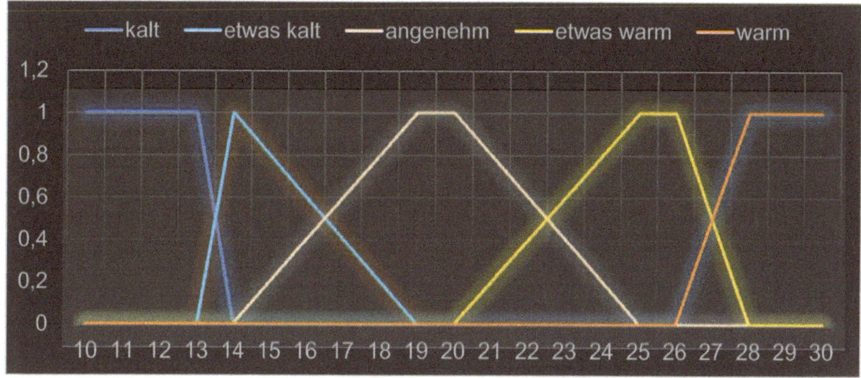

Abbildung 3 Zugehörigkeitsfunktion[17]

Ohne die Zuordnung ist eine Auswertung, der in der Regelbasis hinterlegten Fuzzy-Controllers, nicht möglich. Denn jeder Eingangsgröße eines Fuzzy-Systems muss eine linguistische Variable mit ihren zugehörigen linguistischen Termen zugeordnet sein.[18] Zusammenfassend sind innerhalb der Fuzzifizierung folgende Arbeitsschritte notwendig: Festlegen der einzelnen, unscharfen Mengen, Festlegen der Zugehörigkeitsfunktionen und Ablesen der Zugehörigkeitsgrade.[19]

2.4 Das Inferenzverfahren und die Regelbasis

An die Fuzzifizierung knüpft die Inferenz an, die ebenfalls Teil der Regelbasis ist. Die Auswertung dieser Regelbasis erfolgt während der Inferenz und gibt Aufschluss darüber, inwieweit eine Regel erfüllt ist. Es werden somit die Eingangs- und Ausgangsvariablen einander zugeordnet.[20] Der Aufbau einer Regel erfolgt klassisch immer nach dem gleichen Prinzip: „WENN (Bedingung) UND ... DANN (Schlussfolgerung)" oder „WENN (Bedingung) ... ODER ... DANN (Schlussfolgerung)".[21] Dies stellt im ersten Fall die Schnittmenge zweier Fuzzy-Werte oder im zweiten Fall dessen Vereinigungsmenge dar, welche wie bereits beschrieben als linguistische Terme ausgedrückt werden.[22] Abbildung 4 zeigt eine Tabelle, wie sie während der Inferenz entsteht. So gilt für das linke obere Feld die Regel: WENN die IST-Temperatur

---

[17] Eigene Darstellung nach subjektivem Enpfinden
[18] Bungartz, H.-J/ Zimmer, S./ Buchholz, M./ Pflüger, D., 2013, S.292
[19] Traeger, D. H., 1994, S.94ff
[20] Bungartz, H.-J/ Zimmer, S./ Buchholz, M.; Pflüger, D., 2013, S.292
[21] Schulz, G./ Graf, K., 2013, S.380
[22] Thomas, O., 2009, S.170f

10°C beträgt UND die SOLL-Temperatur 15°C betragen soll, DANN heize etwas. Es fällt auf, dass die jeweiligen Regeln nicht immer vollumfänglich zutreffen, sondern lediglich mit einer gewissen Zugehörigkeit oder einem gewissen Erfüllungsgrad erfüllt werden.[23]

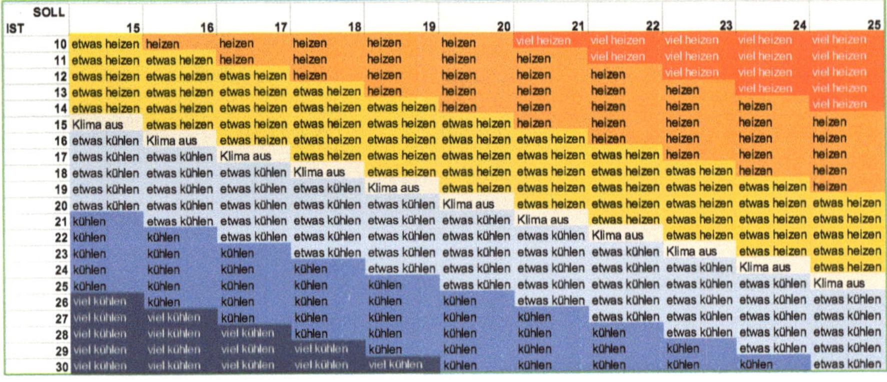

SOLL / IST	15	16	17	18	19	20	21	22	23	24	25
10	etwas heizen	heizen	heizen	heizen	heizen	heizen	viel heizen	viel heizen	viel heizen	viel heizen	viel heizen
11	etwas heizen	etwas heizen	heizen	heizen	heizen	heizen	heizen	viel heizen	viel heizen	viel heizen	viel heizen
12	etwas heizen	etwas heizen	etwas heizen	heizen	heizen	heizen	heizen	heizen	viel heizen	viel heizen	viel heizen
13	etwas heizen	etwas heizen	etwas heizen	etwas heizen	heizen	heizen	heizen	heizen	heizen	viel heizen	viel heizen
14	etwas heizen	etwas heizen	etwas heizen	etwas heizen	etwas heizen	heizen	heizen	heizen	heizen	heizen	viel heizen
15	Klima aus	etwas heizen	etwas heizen	etwas heizen	etwas heizen	etwas heizen	heizen	heizen	heizen	heizen	heizen
16	etwas kühlen	Klima aus	etwas heizen	etwas heizen	etwas heizen	etwas heizen	etwas heizen	heizen	heizen	heizen	heizen
17	etwas kühlen	etwas kühlen	Klima aus	etwas heizen	etwas heizen	etwas heizen	etwas heizen	etwas heizen	heizen	heizen	heizen
18	etwas kühlen	etwas kühlen	etwas kühlen	Klima aus	etwas heizen	etwas heizen	etwas heizen	etwas heizen	etwas heizen	heizen	heizen
19	etwas kühlen	etwas kühlen	etwas kühlen	etwas kühlen	Klima aus	etwas heizen	etwas heizen	etwas heizen	etwas heizen	etwas heizen	heizen
20	etwas kühlen	etwas kühlen	etwas kühlen	etwas kühlen	etwas kühlen	Klima aus	etwas heizen	etwas heizen	etwas heizen	etwas heizen	etwas heizen
21	kühlen	etwas kühlen	etwas kühlen	etwas kühlen	etwas kühlen	etwas kühlen	Klima aus	etwas heizen	etwas heizen	etwas heizen	etwas heizen
22	kühlen	kühlen	etwas kühlen	etwas kühlen	etwas kühlen	etwas kühlen	etwas kühlen	Klima aus	etwas heizen	etwas heizen	etwas heizen
23	kühlen	kühlen	kühlen	etwas kühlen	etwas kühlen	etwas kühlen	etwas kühlen	etwas kühlen	Klima aus	etwas heizen	etwas heizen
24	kühlen	kühlen	kühlen	kühlen	etwas kühlen	etwas kühlen	etwas kühlen	etwas kühlen	etwas kühlen	Klima aus	etwas heizen
25	kühlen	kühlen	kühlen	kühlen	kühlen	etwas kühlen	etwas kühlen	etwas kühlen	etwas kühlen	etwas kühlen	Klima aus
26	viel kühlen	kühlen	kühlen	kühlen	kühlen	kühlen	etwas kühlen	etwas kühlen	etwas kühlen	etwas kühlen	etwas kühlen
27	viel kühlen	viel kühlen	kühlen	kühlen	kühlen	kühlen	kühlen	etwas kühlen	etwas kühlen	etwas kühlen	etwas kühlen
28	viel kühlen	viel kühlen	viel kühlen	kühlen	kühlen	kühlen	kühlen	kühlen	etwas kühlen	etwas kühlen	etwas kühlen
29	viel kühlen	viel kühlen	viel kühlen	viel kühlen	kühlen	kühlen	kühlen	kühlen	kühlen	etwas kühlen	etwas kühlen
30	viel kühlen	viel kühlen	viel kühlen	viel kühlen	viel kühlen	kühlen	kühlen	kühlen	kühlen	kühlen	etwas kühlen

Abbildung 4 Inferenzverfahren[24]

Es gibt verschiedene Inferenzmethoden, wie Max-Min, Max-Prod, Sum-Prod und Sum-Min, die sich in den Schritten Aggregation, Implikation und Akkumulation unterscheiden. Die häufigste Form in der Praxis ist die Max-Min Methode.[25] Bei der Aggregation wird der Minimum-Operator (UND-Verknüpfung) oder der Maximum-Operator (ODER-Verknüpfung) auf die Erfüllungsgrade der Einzelprämissen angewendet. Damit erhält man den Erfüllungsgrad der Gesamtprämisse, sprich den Prozentsatz zu dem die Regel gültig ist. Bei der Implikation muss berücksichtigt werden, dass die Konklusion der Regel nicht mehr mit 100%, sondern mit einem geringeren Anteil berücksichtigt werden darf. Anschließend werden im letzten Schritt, der Akkumulation, die Ergebnisse der einzelnen Regeln zusammengeführt. Dies geschieht bei der MAX-MIN-Inferenz einfach durch das Bilden der Gesamtfläche.[26]

2.5 Die Defuzzifizierung

Der abschließende Schritt, die Defuzzifizierung, wandelt die, durch die Akkumulation gewonnene, Fuzzy-Menge in einen scharfen Zahlenwert für die anzuwendende

[23] Kahlert, J., 1995, S.213
[24] Eigene Darstellung
[25] Drechsel, D., 1996, S.77ff
[26] Kahlert, J., 1995, S. 213

Ausgangsgröße (Klimaanlagenregelung) um. Dafür gibt es verschiedene Methoden wie die Maximum-Methode (auch MoM-Methode), Maximum-Mittel-Methode (auch CoM-Methode), Akkumulationsmethode und die Schwerpunktmethode, oder auch Center of Gravity genannt (auch CoA- bzw. CoG-Methode). Die am meisten verbreitete Methode ist die Schwerpunktmethode.[27] Dabei wird der Schwerpunkt aus der Vereinigung der einzelnen Fuzzy-Ausgangsmengen gebildet. Anschließend wird das Ergebnis in einen numerischen Wert umgewandelt.[28]

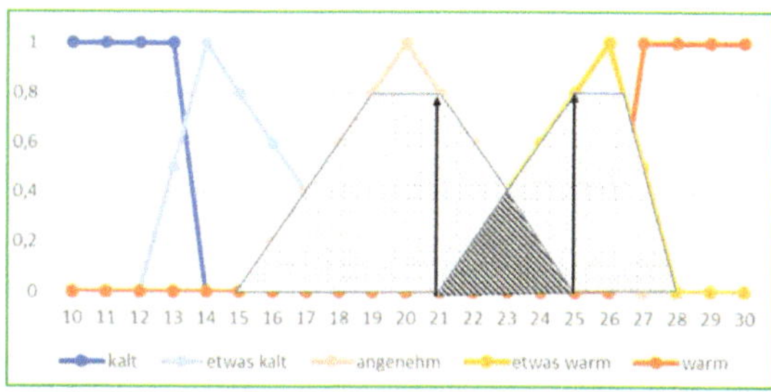

Der Flächenschwerpunkt liegt bei diesem Beispiel, analog des Trapez-Höhen-verfahrens bei

(21*0,8+25*0,8)/(0,8+0,8)= 23.

Abbildung 5 Flächenschwerpunkt-Bestimmung[29]

3. Funktionsweise des Fuzzy-Controllers

3.1 Die Beschreibung des Beispiels und Definition der Variablen

In diesem Beispiel soll die Raumtemperatur durch eine Klimaanlage geregelt werden.[30] Die Klimaanlage verfügt über 7 Stufen: Viel Heizen, Heizen, etwas Heizen, Aus, etwas Kühlen, Kühlen, viel Kühlen (siehe Abbildung 4, Seite 6). Zudem gibt es in diesem Beispiel zwei Größen als Eingangsgrößen (e1, e2) - die IST-Raumtemperatur (T) und die Soll-Raumtemperatur (Ts). Die dritte linguistische Variable ist die Ausgangsgröße. Diese soll die richtige Stufe der Klimaanlage regeln.[31]

3.2 Die Fuzzifizierung

Wie in Kapitel 2 bereits erwähnt, müssen scharfe Eingangswerte unscharfen linguistischen Begriffen zugordnet werden. Die folgende Abbildung veranschaulicht dies.

---

[27] Zimmermann, H.-J., 1996, S.234. und Mann, H./ Schiffelgen, H./ Froriep, R., 2009, S.312
[28] Rehfeldt, M. D., 1998, S.56
[29] Eigene Darstellung
[30] Aufgabenstellung
[31] Kahlert, J./ Frank, H., 1994, S.131

	kalt	etwas kalt	angenehm	etwas warm	warm
10 °C	1	0	0	0	0
11 °C	1	0	0	0	0
12 °C	1	0	0	0	0
13 °C	1	0	0	0	0
14 °C	0	1	0	0	0
15 °C	0	0,8	0,2	0	0
16 °C	0	0,6	0,4	0	0
17 °C	0	0,4	0,6	0	0
18 °C	0	0,2	0,8	0	0
19 °C	0	0	1	0	0
20 °C	0	0	1	0	0
21 °C	0	0	0,8	0,2	0
22 °C	0	0	0,6	0,4	0
23 °C	0	0	0,4	0,6	0
24 °C	0	0	0,2	0,8	0
25 °C	0	0	0	1	0
26 °C	0	0	0	1	0
27 °C	0	0	0	0,5	0,5
28 °C	0	0	0	0	1
29 °C	0	0	0	0	1
30 °C	0	0	0	0	1

Abbildung 6 Eingangsvariablen - Zuordnung zur Fuzzy-Menge[32]

Abbildung 3 auf Seite 5 zeigt die dazugehörige Zugehörigkeitsfunktion. Ein scharfer Eingangswert von 24°C wäre somit zu 20% in der Fuzzy-Menge „angenehm" und zu 80% in der Fuzzy-Menge „etwas warm" zu finden.[33]

Der Fuzzy-Controller regelt dabei die Raumtemperatur durch ein kontinuierliches Abgleichen der IST-Raumtemperatur mit der Soll-Raumtemperatur. Das heißt, basierend auf Temperaturdifferenzen wird die Klimaanlage gesteuert, sprich geheizt oder gekühlt.

Im folgenden Beispiel soll die IST-Raumtemperatur von 20°C soll auf die Soll-Raumtemperatur von 19°C geregelt werden.

3.3 Die Regelaufstellung, Inferenz und Defuzzifizierung

Wie genau dies bei diesem Beispiel aussieht wird im Folgenden erläutert. Zuerst werden die folgenden Regeln für das vorliegende Beispiel aufgestellt:[34]

---

[32] Eigene Darstellung
[33] Die Zuordnung beruht auf eigenem subjektiven Empfinden, sowie der empfohlenen Raumtemperatur.
[34] Eigene Überlegung

R1: Wenn die IST-Raumtemperatur (T) „kalt" UND die SOLL-Raumtemperatur (Ts) „etwas kalt" ist, ODER die IST-Raumtemperatur (T) „etwas kalt" UND die SOLL-Raumtemperatur (Ts) „angenehm" ist, ODER die IST-Raumtemperatur (T) „angenehm" UND die SOLL-Raumtemperatur (Ts) „etwas warm" ist, ODER die IST-Raumtemperatur (T) „warm" UND die SOLL-Raumtemperatur (Ts) „etwas warm" ist, dann soll die Klimaanlage auf „etwas heizen" schalten.

R2: Wenn die IST-Raumtemperatur (T) „kalt" UND die SOLL-Raumtemperatur (Ts) „kalt" ist, ODER die IST-Raumtemperatur (T) „angenehm" UND die SOLL-Raumtemperatur (Ts) „angenehm" ist, ODR die IST-Raumtemperatur (T) „etwas warm" UND die SOLL-Raumtemperatur (Ts) „etwas warm" ist, ODER die IST-Raumtemperatur (T) „warm" UND die SOLL-Raumtemperatur (Ts) „warm" ist dann soll die Klimaanlage auf „aus" schalten.

R3: Wenn die IST-Raumtemperatur (T) „kalt" UND die SOLL-Raumtemperatur (Ts) „angenehm" ist, ODER die IST-Raumtemperatur (T) „etwas kalt" UND die SOLL-Raumtemperatur (Ts) „etwas warm" ist, ODER die IST-Raumtemperatur (T) „angenehm" UND die SOLL-Raumtemperatur (Ts) „warm" ist, dann soll die Klimaanlage auf „heizen" schalten.

R4: Wenn die IST-Raumtemperatur (T) „kalt" UND die SOLL-Raumtemperatur (Ts) „warm" ist, ODER die IST-Raumtemperatur (T) „etwas kalt" UND die SOLL-Raumtemperatur (Ts) „etwas warm" ist, dann soll die Klimaanlage auf „viel heizen" schalten.

R5: Wenn die IST-Raumtemperatur (T) „warm" UND die SOLL-Raumtemperatur (Ts) „etwas warm" ist, ODER die IST-Raumtemperatur (T) „etwas warm" UND die SOLL-Raumtemperatur (Ts) „angenehm" ist, ODER die IST-Raumtemperatur (T) „angenehm" UND die SOLL-Raumtemperatur (Ts) „etwas kalt" ist, ODER die IST-Raumtemperatur (T) „etwas kalt" UND die SOLL-Raumtemperatur (Ts) „kalt" ist dann soll die Klimaanlage auf „etwas kühlen" schalten.

R6: Wenn die IST-Raumtemperatur (T) „warm" UND die SOLL-Raumtemperatur (Ts) „angenehm" ist, ODER die IST-Raumtemperatur (T) „etwas warm" UND die SOLL-Raumtemperatur (Ts) „etwas kalt" ist, ODER die IST-Raumtemperatur (T) „angenehm" UND die SOLL-Raumtemperatur (Ts) „kalt" ist, dann soll die Klimaanlage auf „kühlen" schalten.

R7: Wenn die IST-Raumtemperatur (T) „warm" UND die SOLL-Raumtemperatur (Ts) „kalt" ist, ODER die IST-Raumtemperatur (T) „etwas warm" UND die SOLL-Raumtemperatur (Ts) „kalt" ist, dann soll die Klimaanlage auf „viel kühlen" schalten.

Diese Regeln lassen sich tabellarisch wie in Abbildung 4 auf Seite 6 darstellen, welche hier nochmals auf das folgende Beispiel bezogen in Abbildung 7 dargestellt ist.

SOLL / IST	15	16	17	18	19	20
10	etwas heizen	heizen	heizen	heizen	heizen	heizen
11	etwas heizen	etwas heizen	heizen	heizen	heizen	heizen
12	etwas heizen	etwas heizen	etwas heizen	heizen	heizen	heizen
13	etwas heizen	etwas heizen	etwas heizen	etwas heizen	heizen	heizen
14	etwas heizen	etwas heizen	etwas heizen	etwas heizen	etwas heizen	heizen
15	Klima aus	etwas heizen	etwas heizen	etwas heizen	etwas heizen	etwas heizen
16	etwas kühlen	Klima aus	etwas heizen	etwas heizen	etwas heizen	etwas heizen
17	etwas kühlen	etwas kühlen	Klima aus	etwas heizen	etwas heizen	etwas heizen
18	etwas kühlen	etwas kühlen	etwas kühlen	Klima aus	etwas heizen	etwas heizen
19	etwas kühlen	etwas kühlen	etwas kühlen	etwas kühlen	Klima aus	etwas heizen
20	etwas kühlen	etwas kühlen	etwas kühlen	etwas kühlen	etwas kühlen	Klima aus
21	kühlen	etwas kühlen	etwas kühlen	etwas kühlen	etwas kühlen	etwas kühlen
22	kühlen	kühlen	etwas kühlen	etwas kühlen	etwas kühlen	etwas kühlen
23	kühlen	kühlen	kühlen	etwas kühlen	etwas kühlen	etwas kühlen
24	kühlen	kühlen	kühlen	kühlen	etwas kühlen	etwas kühlen
25	kühlen	kühlen	kühlen	kühlen	kühlen	etwas kühlen
26	viel kühlen	kühlen	kühlen	kühlen	kühlen	kühlen
27	viel kühlen	viel kühlen	kühlen	kühlen	kühlen	kühlen
28	viel kühlen	viel kühlen	viel kühlen	kühlen	kühlen	kühlen
29	viel kühlen	viel kühlen	viel kühlen	viel kühlen	kühlen	kühlen
30	viel kühlen	viel kühlen	viel kühlen	viel kühlen	viel kühlen	kühlen

Abbildung 7 Ausgangsvariable - Zuordnung zur jeweiligen Fuzzy-Menge[35]

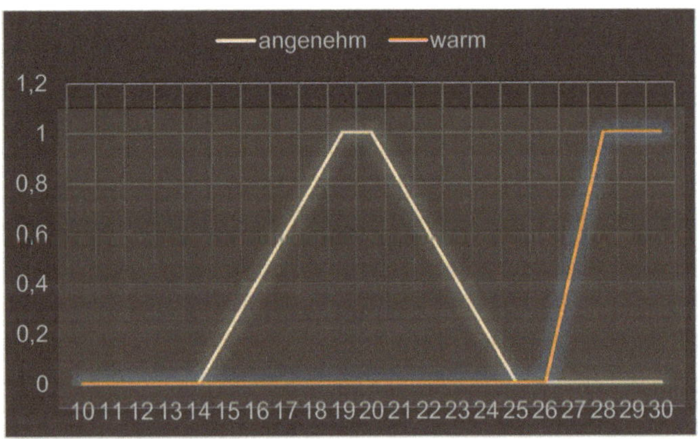

Abbildung 8 Darstellung der linguistischen Variable für die IST-und SOLL-Raumtemperatur[36]

---

[35] Eigene Darstellung
[36] Eigene Darstellung

Abbildung 8 zeigt, dass hierfür auf die IST-Raumtemperatur von 28°C der Fuzzy-Menge „warm" hin zur SOLL-Raumtemperatur von 19°C der Fuzzy-Menge" „angenehm" regulierend eingegriffen werden muss. Durch den Schritt der Aggregation, wie in Kapitel 2.4 beschrieben, gelangt man zu dem Entschluss, dass die Regel 6 Anwendung findet, sprich die Klimaanlage auf „kühlen" eingestellt werden muss. Vergleicht man nun, wie der Fuzzy-Controller, die IST-Raumtemperatur mit der SOLL-Raumtemperatur erhält man eine Temperaturdifferenz von (28°C-19°C) 9°C (siehe Abbildung 9).

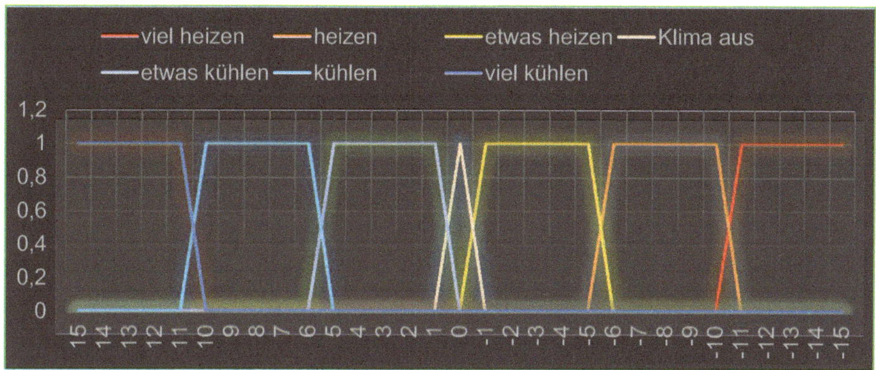

Abbildung 9 Darstellung der linguistischen Variable für die Klimaregelung[37]

Sobald mit dem Kühlvorgang begonnen wird, verliert die Regel 6 (Wenn die IST-Raumtemperatur (T) „warm" UND die SOLL-Raumtemperatur (Ts) „angenehm" ist DANN „kühlen") immer mehr an Gültigkeit, da die IST-Raumtemperatur von „warm" zu „etwas warm" übergeht. Bereits bei einem Temperaturverlust von 1°C befindet sich die IST-Raumtemperatur nur noch zu 50% in der Fuzzy-Menge „warm".

IST-Raumtemperatur „warm"	SOLL-Raumtemperatur „angenehm"
Erfüllungsgrad 50%	Erfüllungsgrad 100%
MIN(0,5 ; 1,0)=0,5	

Abbildung 10 MIN-Operator[38]

Durch Anwendung des MIN-Operators im Implikationsschritt gelangt man somit zu dem Ergebnis, dass Regel 6 einen Erfülltheitsgrad von 50% aufweist (siehe Abbildung 10). Die Zugehörigkeitsfunktion der Konklusion „kühlen" (Abbildung 9) wird abschließend, im

---

[37] Eigene Darstellung
[38] Eigene Darstellung

Schritt der Aggregation, bei 0,5 „abgeschnitten". Im Schritt der Akkumulation werden die Flächen der Zugehörigkeitsfunktionen zusammengefasst. Das Ergebnis der Inferenz liegt nun lediglich als Fläche vor. Wie in Kapitel 2.2 beschrieben ist der Ausgabewert stets ein scharfer Wert. Im Rahmen der Defuzzifizierung wird dieser scharfe Wert nun berechnet. Von denen in Kapitel 2.5 erwähnten Verfahren findet bei diesem Beispiel die Schwerpunktmethode mit dem Trapez-Höhenverfahren Anwendung. Dies bedeutet, dass ab einer Temperaturdifferenz von ((6*1+5*1)/(1+1)) 5,5°C die Regel 5 (IST-Raumtemperatur (T) „etwas warm" UND die SOLL-Raumtemperatur (Ts) „angenehm") greift. Folglich wird ab diesem Zeitpunkt (IST-Raumtemperatur 24,5°C), die Klimaanlage auf „etwas kühlen" eingestellt. Dieser Regelkreis ist, wie der Name bereits sagt, ein Kreis und wird somit stetig von vorne ausgeführt.[39]

---

[39] Eigenarbeit

4. Vor- und Nachteile des Fuzzy-Controllers

Um die Vor- und Nachteile des Fuzzy-Controllers zum klassischen Regler herausarbeiten zu können, bedarf es vorab einer Betrachtung der Unterschiede.

Der klassische Regler hat eine lineare Kennlinie und nur einen Parameter, während der Fuzzy-Controller eine nichtlineare Kennlinie und viele Parameter aufweist. So ist eine recht schnelle, realistische, problembezogene, aussagekräftigere Modellierung auch komplexer Systeme mit nichtlinearem Verhalten möglich.[40] Zudem weist der Fuzzy-Controller eine grundlegen differente Herangehensweise, insbesondere bei der Signalverarbeitung, als die klassische Regelungstechnik auf. Wie eingangs erwähnt ist beim Fuzzy-Controller verbal formuliertes und somit „unscharfes" Wissen eines Experten, welches das Modell oder das zu regelnde System beschreibt, ausreichend. Es bedarf keinem mathematischen Modell der Regelstrecke, was den Fuzzy-Controller in seiner Entwicklung wesentlich vereinfacht. Kognitive Wissen statt Mathematik rückt in den Vordergrund. Daraus folgt, dass keine teuren Messungen für die Parameteridentifikation und Modellbildung notwendig sind, sodass Entwicklungszeit eingespart werden kann.[41] Ein simpler und dennoch herausragender Vorteil des Fuzzy-Controllers. Zudem sind die Eigenschaften einer Regelstrecke in der Praxis oft variabel. So kann eine Klimaanlage einer Größe die Temperatur in verschieden großen Räumen regeln. Das Verhalten ist dabei natürlich stark von der Luftzirkulation, dem Raumschnitt und vielem mehr abhängig. Folglich kann aufgrund der Komplexität kein einziges gültiges Modell für die Regelstrecke angegeben werden. Ein erfahrener Anwender weiß jedoch, wie er die Klimaanlage einstellen muss, um trotz all dieser Faktoren eine angenehme Raumtemperatur zu erhalten. So ist zum Entwickeln eines klassischen Reglers, wie einem PID-Regler, fundiertes Wissen über den zu regelnden Prozess notwendig. Mit diesem Wissen können eventuell Parameter optimiert werden. Eine Optimierung ist grundsätzlich bei beiden Regler-Typen möglich.[42] Falls eine Regelung in einem Bereich nicht gut ist, können entsprechende Regeln ergänzt oder verändert werden. Die Definition der Fuzzy-Mengen ist ebenfalls veränderbar.[43] Allerdings erschwert die Anzahl der Fuzzy-Terme und die Zugehörigkeitsfunktionen die Suche

---

[40] Müller, G., o.J., Kapitel 4.2.6
[41] Jerems, S./ Fritz, A., 2006/2007, S.6ff
[42] Schmidt, T.W./ Henrich, D., 2006, Kapitel 3ff
[43] Müller, G., o.J., Kapitel 4.2.6

nach zu optimierenden Parametern, da sie den Suchraum vergrößern. So ist das spätere Korrigieren von Fehlern in der Erstellungsphase kaum noch möglich. Bei klassischen Reglern erleichtert die Simulation die Suche.[44] Abgesehen von diesem kleinen Nachteil des Fuzzy-Controllers, ist die grundsätzliche Implementierung der Fuzzy-Logik im Vergleich zur klassischen Regelung einfacher und somit einfacher zu warten.[45] Allerdings kann dieser Vorteil der Unschärfe durch die Rückübersetzung in diskrete Werte oft verloren gehen. Es kann schwierig sein, die richtige Methode zur Defuzzifierung zu finden, denn die Berechnung des scharfen Endwertes ist entweder komplex, langsam und gut, oder schnell, dafür aber mit einem schlechteren Ergebnis. Es kommt somit zu einem Trade-off zwischen Geschwindigkeit und Ergebnisgüte.[46] Dem gegenüber steht die deutlich effizientere Leistung der klassischen Regelung, wie die eines PID-Reglers, was aber auch zu Lasten der Hardwareabnutzung geht. Zudem sind Fuzzy-Systeme immer statische Systeme, wo die Betrachtung der Fuzzy-Regelung jeweils zu diskreten Zeitpunkten erfolgt. Wenn man sichergehen muss, dass der Regler in jedem Fall stabil ist, dann sei auf die Ergebnisse anderer Untersuchungen verwiesen. Dort werden Erweiterungen vorgestellt, mit welchen bei einem Fuzzy-Regler durch adaptives Verhalten sichergestellt wird, dass er immer stabil ist.[47] Wie zu sehen ist, haben beide Arten der Regelung ihre Vor- und Nachteile, die je nach Einsatzgebiet ausschlaggebend oder vernachlässigbar sind.[48] Ein großer Nachteil des Fuzzy-Controllers ist, dass dieser allein nicht lernfähig ist. Somit ist keine automatische Anpassung an eine sich verändernde Umgebung möglich.[49] In Kombination mit neuronalen Netzen kann dieser Nachteil jedoch behoben werden. Als Gesamtergebnis stellt sich jedoch heraus, dass der Fuzzy-Regler etwas mehr Vorteile aufzuweisen hat. Dieses Ergebnis hat jedoch keine Allgemeingültigkeit, da immer subjektive Entscheidungen Einfluss haben.[50]

---

[44] Eigene Meinung
[45] Eigene Meinung
[46] Müller, G., o.J., Kapitel 4.2.6
[47] Schmidt, T.W./ Henrich, D., 2006, Kapitel 3ff
[48] Eigene Meinung
[49] Müller, G., o.J., Kapitel 4.2.6
[50] Eigene Meinung

5. Zusammenfassung und Fazit

Im vorliegenden Assignment wird die Thematik des Fuzzy-Controllers mit dessen Grundlagen, Funktionalität sowie seiner Vor- und Nachteile gegenüber klassischen Reglern diskutiert. Dabei wird ein praktisches Beispiel dargelegt, welches die Phasen der der Fuzzifizierung, des Inferenzverfahren sowie der Defuzzifizierung veranschaulicht. Das Fuzzy-Controller-System verfolgt das Ziel, Regelungssysteme, basierend auf linguistischen Termen und weniger auf mathematischen Modellen zu entwickeln. Durch diese Anwendung der Fuzzy-Logik und Fuzzy-Mengenlehre in der Technik, gewann der Fuzzy-Controller im Laufe der Zeit zunehmend an Bedeutung, da der Einsatzbereich über die Regelungstechnik hinausgeht, bis hin zur Sensorik und Datenanalyse. Die Auseinandersetzung mit Fuzzy-Controllern bringt jedoch neben seinen Vorteilen auch Nachteile mit sich, wie sie in dieser Arbeit erläutert werden. Da Fuzzy-Mengen auf den menschlichen Erfahrungswerten beruhen und die Bewertung anhand linguistischer Terme erfolgt, stellt das Fuzzy-Controller-System schlussendlich nichts anderes als subjektives Expertenwissen beziehungsweise menschliche Erfahrungswerte dar. Jedoch haben auch klassische Regelungen ihre Vor- und Nachteile, die je nach Einsatzgebiet ausschlaggebend oder vernachlässigbar sind. Zusammenfassen stellt sich heraus, dass der Fuzzy-Regler etwas mehr Vorteile aufzuweisen hat. Angesichts der steigenden Komplexität der Welt, die es gilt zu bewältigen, zu verarbeiten und zu regeln, wird man auf ein Fuzzy-Controller-System nicht verzichten können. Dieses Ergebnis hat keine Allgemeingültigkeit, da immer subjektive Entscheidungen Einfluss haben. Zudem konnte aufgrund des vorgegebenen Umfangs dieses Assignments leider nicht detailliert auf die genannten Methoden wie beispielswiese der des Inferenzverfahrens eingegangen werden. Das Fuzzy-Controller-System wurde daher nur oberflächlich dargestellt und dementsprechend auf die genannten Quellen und Fachliteratur verwiesen. Es gilt zu vermerken, dass eine detaillierte Betrachtung weitere Erkenntnisse bezüglich der Vor- und Nachteile eines Fuzzy-Controllers bringen kann. Des Weiteren beziehen sich die Ergebnisse auf das gewählte Beispiel, welches nur einen Ausschnitt aus den zahlreichen Anwendungsmöglichkeiten bieten kann. Welches Regelungssystem Anwendung findet, muss folglich analysiert und evaluiert werden. Fuzzy-Controller weißen jedenfalls großes Zukunftspotential auf.

III. Literaturverzeichnis

Altenkrüger, Doris/ Büttner, Winfried: Wissensbasierte Systeme, Springer Vieweg, 1992

Bungartz, Hans-Joachim/ Zimmer, Stefan/ Buchholz, Martin/ Pflüger, Dirk: Modellbildung und Simulation: Eine anwendungsorientierte Einführung, Springer Spektrum, 2013

Drechsel, Dirk: Regelbasierte Interpolation und Fuzzy Control, Springer Vieweg, 1996

Friedrich, Alfred: Logik und Fuzzy-Logik, 1. Auflage, Expert Verlag, 1997

Jerems, Stefanie/ Fritz, Andreas: Systemdesign - Fuzzy III, AKAD Bildungsgesellschaft mbH, 2006/2007

Kahlert, Jörg: Fuzzy Control für Ingenieure, Springer Vieweg, 1995

Kahlert, Jörg/ Frank, Hubert: Fuzzy Logik und Fuzzy Control, Springer Vieweg, 1994

Mann, Heinz/ Schiffelgen, Horst/ Froriep, Rainer: Einführung in die Regelungstechnik, Hanser Verlag, 2009

Müller, Gerhard: 4 Anwendungen der Fuzzy Logic, http://www.gerhardmueller.de/docs/FuzzyLogic/node7.html, aufgerufen am 22.12.2017 um 22:00

Rehfeldt, Markus D.: Koordination der Auftragsabwicklung – Verwendung von unscharfen Informationen, Gabler Edition Wissenschaft, DUV, Springer, 1998

Reusch, Bernd: Fuzzy Logik, Springer-Verlag Berlin Heidelberg, 1994

Schmidt, Thorsten W./ Henrich, Dominik: Vergleich von klassischem und temporalem Fuzzy-Regler beschrieben in Fuzzy Control Language mit PID-Reglern, Universität Bayreuth, 16. Workshop Computational Intelligence Dortmund, https://www.researchgate.net/publication/228890234_Vergleich_von_klassischem_und_temporalem_Fuzzy-Regler_beschrieben_in_Fuzzy_Control_Language_mit_PID-Reglern, 2006, aufgerufen am 22.12.2017 um 22:30

Schröder, Dierk: Intelligente Verfahren – Identifikation und Regelung nichtlinearer Systeme, Springer-Verlag Berlin Heidelberg, 2010

Schulz, Gerd/ Graf, Klemens: Regelungstechnik 2- Mehrgrößenregelung, Digitale Regelungstechnik, Fuzzy-Regelung, 3. Auflage, DeGruyter, 2013

Thomas, Oliver: Fuzzy Process Engineering, Springer Gabler, 2009

Traeger, Dirk H.: Einführung in die Fuzzy-Logik, Springer Vieweg, 1994

Völker, Clara: Mobile Medien – Zur Genealogie des Mobilfunks und zur Ideengeschichte von Virtualität, 1. Auflage, Transcript, 2010

Zimmermann, H.J.: Fuzzy Technologien, Springer-Verlag Berlin Heidelberg, 1993

BEI GRIN MACHT SICH IHR WISSEN BEZAHLT

- Wir veröffentlichen Ihre Hausarbeit, Bachelor- und Masterarbeit

- Ihr eigenes eBook und Buch - weltweit in allen wichtigen Shops

- Verdienen Sie an jedem Verkauf

Jetzt bei www.GRIN.com hochladen und kostenlos publizieren